SUITES

A

BUFFON

PLANCHES
4 *Livraison*

VÉGÉTAUX PHANÉROGAMES.

PARIS

A LA LIBRAIRIE ENCYCLOPÉDIQUE DE RORET.

Rue Hautefeuille, N.º 10 bis.

SUITES A BUFFON.

EXPLICATION DES PLANCHES

COMPOSANT LA QUATRIÈME LIVRAISON

DES PHANÉROGAMES.

PLANCHE XXXI.

Nº 1. BLUMENBACHIA A LARGES FEUILLES. — *Blumenbachia latifolia* Cambess. (Famille des Loasées.)

A. Fleur (grossie). — B. La même, dépouillée de la corolle et des étamines. — C. Un faisceau d'étamines. — D. Un staminode, vu antérieurement. — E. Le même, vu postérieurement. — F. Le même, vu de côté. — G. Coupe horizontale de l'ovaire. — H. Péricarpe déhiscent. — I. Graine. — J. Portion du test (fortement grossi). — K. Amande. — L. Section verticale de la même.

Nº 2. CHIMONANTHE ODORANT. — *Chimonanthus fragrans* Lindl. (Famille des Calycanthées.)

A. Ramule florifère ($^1/_2$ grandeur naturelle). — B. Fleur (grandeur naturelle). — C. Fleur dépouillée des bractées et des périanthes, pour faire voir les stigmates et les étamines. — D. Étamine vue antérieurement. — E. Id. vue postérieurement. — F. Coupe d'un bouton dont on a enlevé les segments des périanthes : *a, a*, Étamines. — G. Un ovaire avec son style. — H. Calice fructifère. — I. Id. coupé verticalement : *a*, Ovules avortés; *b*, Carpelles. — K. Un des carpelles : *a*, Cicatrice du point de l'insertion au calice. — L. Coupe horizontale d'un carpelle. — M. Graine. — N. Embryon : *a*, Radicule.

PLANCHE XXXII.

Nº 1. QUISQUALE D'INDE. — *Quisqualis indica* Linn. (Famille des Combrétacées.)

Ramule florifère (grandeur naturelle).

Nº 2. COMBRETUM..... (Famille des Combrétacées.)

A. Fleur entière. — B. Limbe calicinal (fendu et déployé), pour faire voir l'insertion des pétales et des étamines. — C. Étamine vue postérieurement. — D. Id. vue antérieurement. — E. Coupe verticale d'un ovaire, avec une partie du calice. — F.

Ovules. — G. Péricarpe. — H. Section horizontale du même. — I. Graine. — J. Embryon.

PLANCHE XXXIII.

N° 1. VOCHYSIA A FEUILLES RONDES. — *Vochysia rotundifolia* Martius. (Famille des Vochysiacées.)

Portion supérieure d'un ramule avec une panicule florifère (grandeur naturelle).

A. Fleur entière (grossie). — B. La même, dépouillée des pétales : *a*, Étamine fertile. — C. Pétales : *a*, *b*, Pétales latéraux ; *c*, Pétales inférieurs. — D. Pistil. — E. Étamine fertile. — F. Coupe verticale d'un jeune fruit. — G. Ovule.

N. 2. SALVERTIA ODORANT. — *Salvertia convallariodora* Aug. Saint-Hil. (Famille des Vochysiacées.)

A. Fleur dépouillée de la corolle et des segments inférieurs du calice (grossie) : *a*, Étamine fertile ; *b*, Étamine stérile ; *c*, Pistil. — B. Étamine fertile. — C. Étamine stérile. — D. Pistil. — E. Péricarpe. — F. Id. coupé horizontalement.

PLANCHE XXXIV.

RHIZOPHORA MANGLE OU PALÉTUVIER.—*Rhizophora Mangle* Linn. (Famille des Rhizophorées.)

A. Port de l'arbre. — B. Ramules florifères et fructifères (grandeur naturelle). — C. Fleur grossie : *a*, *a*, Limbe calicinal fendu et déployé, pour faire voir l'insertion des pétales et des étamines. — D. Étamine vue antérieurement. — E. Id. vue postérieurement. — F. Coupe verticale d'un ovaire. — G. Péricarpe. — H. Le même, coupé verticalement : *a*, Attache de la graine ; *b*, Arille ; *c*, Loge avortée.

PLANCHE XXXV.

CLARKIA A PÉTALES TRILOBÉS. — *Clarkia pulchella* Pursh. (Famille des Onagraires.)

Portion supérieure d'un ramule florifère (grandeur naturelle).

A. Feuille caulinaire (grandeur naturelle).—B. Pétale (grandeur naturelle) : *a*, Étamine avortée. — C. Fleur (grossie) dépouillée de la corolle. — D. Coupe verticale de la même : *a*, *a*, Étamines fertiles ; *b*, *b*, Étamines stériles ; *c*, *c*, Tube calicinal ; *d*, *d*, Disque ; *e*, *e*, *e*, *e*, Ovaire. — E. Portion inférieure d'un ovaire coupé horizontalement. — F. Étamine fertile, vue postérieurement. — G. Id. vue antérieurement. — H. Étamine stérile. — I. Capsule (grandeur naturelle). — K. Graine (grossie) vue antérieurement. — L. Id. vue postérieurement. — M. Id. coupée verticalement, pour faire voir l'embryon. — N. Embryon dont on a écarté les cotylédons.

PLANCHE XXXVI.

N° 1. LAGERSTRÉMIA ROYAL. — *Lagerstrœmia Reginæ* Linn. (Famille des Lythrariées.)

Ramule florifère (grandeur naturelle).

A. Fleur dont on a fendu et déployé le calice, pour faire voir l'insertion des pétales et des étamines : *a, a,* Calice ; *b*, Pistil, — B. Pétale. — C. Péricarpe. — D. Une des valves du péricarpe. — E. Graine.

N° 2. SALICAIRE EFFILÉE. — *Lythrum virgatum* Linn. (Famille des Lythrariées.)

A. Partie supérieure d'un ramule florifère (grandeur naturelle). — B. Bouton (grossi). — C. Fleur épanouie (grossie). — D. Id. dont on a fendu le calice, pour faire voir l'insertion des étamines et des pétales. — E. Étamine. — F. Fleur dépouillée de la corolle. — G. Péricarpe avant sa parfaite maturité. — H. Id. en déhiscence. — I. Coupe horizontale d'un ovaire. — J. Graine. — K. Id. coupée horizontalement. — L. Id. coupée verticalement : *a,* Périsperme ; *b,* Embryon.

PLANCHE XXXVII.

N° 1. MÉSEMBRIANTHÈME BLANCHATRE. — *Mesembrianthemum albidum* Linn. (Famille des Ficoïdées.)

A. Bouton (grandeur naturelle). — B. Fleur épanouie (id.) — C. Coupe verticale d'une fleur. — D. Étamine vue antérieurement. — E. Id. vue postérieurement. — F. Un ovule (grossi). — G. Péricarpe. — H. Coupe horizontale d'un péricarpe (grossie). — I. Graines (grandeur naturelle). — J. Graine grossie. — K. Id. coupée longitudinalement : *a,* Périsperme ; *b,* Embryon.

N° 2. JOUBARBE DES MONTAGNES. — *Sempervivum montanum* Linn. (Famille des Crassulacées.)

A. Fleur épanouie (grandeur naturelle). — B. Calice. — C. Une étamine. — D. Pistil (grossi). — E. Péricarpe (grandeur naturelle). — F. Une des coques du péricarpe, déhiscente. — G. Id. fendue longitudinalement. — H. Graine (grossie). — I. Id. coupée horizontalement : *a,* Embryon. — J. Id. coupée verticalement : *a,* Embryon.

N° 3. CLAYTONIA DE VIRGINIE. — *Claytonia virginiana* Linn. (Famille des Portulacées.)

A. Fleur grossie. — B. Un pétale. — C. Fleur dépouillée de la corolle : *a, a,* Calice ; *b, b,* Étamines ; *c,* Ovaire ; *d,* Style. — D. Étamine. — E. Calice et pistil. — F. Péricarpe accompagné du calice. — G. Id. dont on a écarté le calice. — H. Id. coupé horizontalement. — I. Id. en déhiscence : *a, a, a,* Graines. — J. Graine (grandeur naturelle). — K. Graine grossie. — L. Id. coupée verticalement : *a,* Périsperme ; *b,* Embryon. — M. Embryon retiré du périsperme : *a,* Cotylédons ; *b,* Radicule.

PLANCHE XXXVIII.

LYCHNIDE A GRANDES FLEURS. — *Lychnis grandiflora* Jacq. (Famille des Caryophyllées.)

Ramule florifère ($\frac{1}{2}$ grandeur naturelle).

A. Bouton. — B. Calice. — C. Pistil et étamines. — D. Un pétale avec l'étamine qui adhère à sa base : *a*, *a*, Appendices dentiformes. — E. Étamine vue antérieurement. — F. Étamine vue postérieurement : *a*, Connectif. — G. Calice fructifère. — H. Capsule : *a*, *a*, Base persistante des filets. — I. Péricarpe coupé horizontalement. — J. Graine (grossie).— K. Id. coupée verticalement : *a*, Test; *b*, Périsperme; *c*, *c*, Embryon.

PLANCHE XXXIX.

PANAX GINSENG. — *Panax quinquefolium* Linn. (Famille des Araliacées.)

A. Une ombellule (grandeur naturelle). — B. Id. fructifère. — C. Fleur hermaphrodite (grossie). — D. Fleur mâle (grossie). — E. Étamine. — F, G. Fleurs hermaphrodites, dépouillées de la corolle et des étamines. — H. Id. coupée verticalement : *a*, *a*, Ovules. — I. Péricarpe coupé horizontalement, pour faire voir les deux graines. — J. Graine. — K. Id. coupée verticalement : *a*, Test; *b*, Périsperme; *c*, Embryon. — L. Embryon retiré du périsperme : *a*, Radicule.

PLANCHE XL.

N° 1. MANGOSTAN FAUX GUTTIER. — *Garcinia Cambogia* Desrouss. — *Cambogia Gutta* Linn. (Famille des Guttifères.)

A. Rameau florifère et fructifère ($\frac{1}{2}$ grandeur naturelle). — B. Baie coupée transversalement. — C. Graine. — D. Id. dont on a enlevé une portion du Test.

N° 2. CLUSIA ROSE. — *Clusia rosea* Linn. (Famille des Guttifères.)

A. Fleur mâle ($\frac{1}{2}$ grandeur naturelle). — B. Calice de la même, vu postérieurement. — C. Fleur femelle, dépouillée des pétales. — D. Androphore d'une fleur femelle. — E. Portion de l'androphore d'une fleur mâle. — F. Coupe transversale d'une capsule. — G. Capsule déhiscente. — H. Pistil d'une fleur femelle. — I. Graine dépouillée de son arille. — K. Coupe verticale d'un embryon. — L. Graine enveloppée dans son arille. — M. Id. coupée horizontalement.

FIN DE L'EXPLICATION DES PLANCHES DE LA QUATRIÈME LIVRAISON.

Botanique.

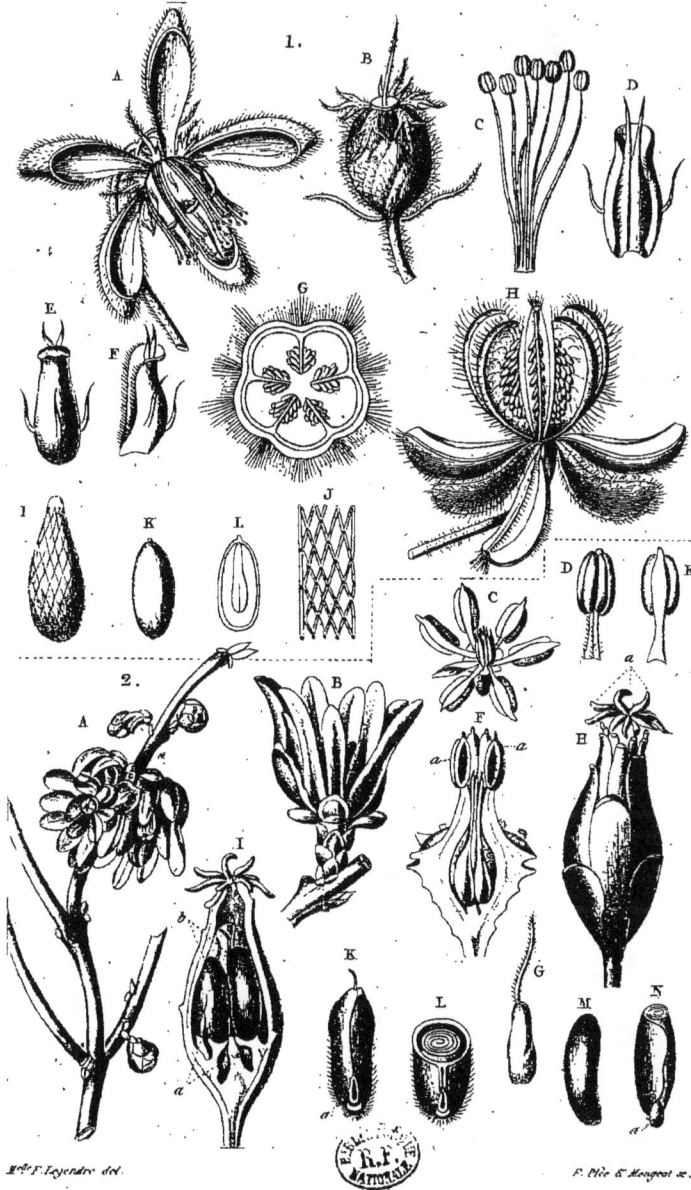

Mlle F. Lejendre del.

F. Plée & Mengeot sc.

1. Blumenbachia à larges feuilles.   2. Chimonanthe odorant.

Pl. 32.

1. Quisquale de l'Inde.   2. Combretone.

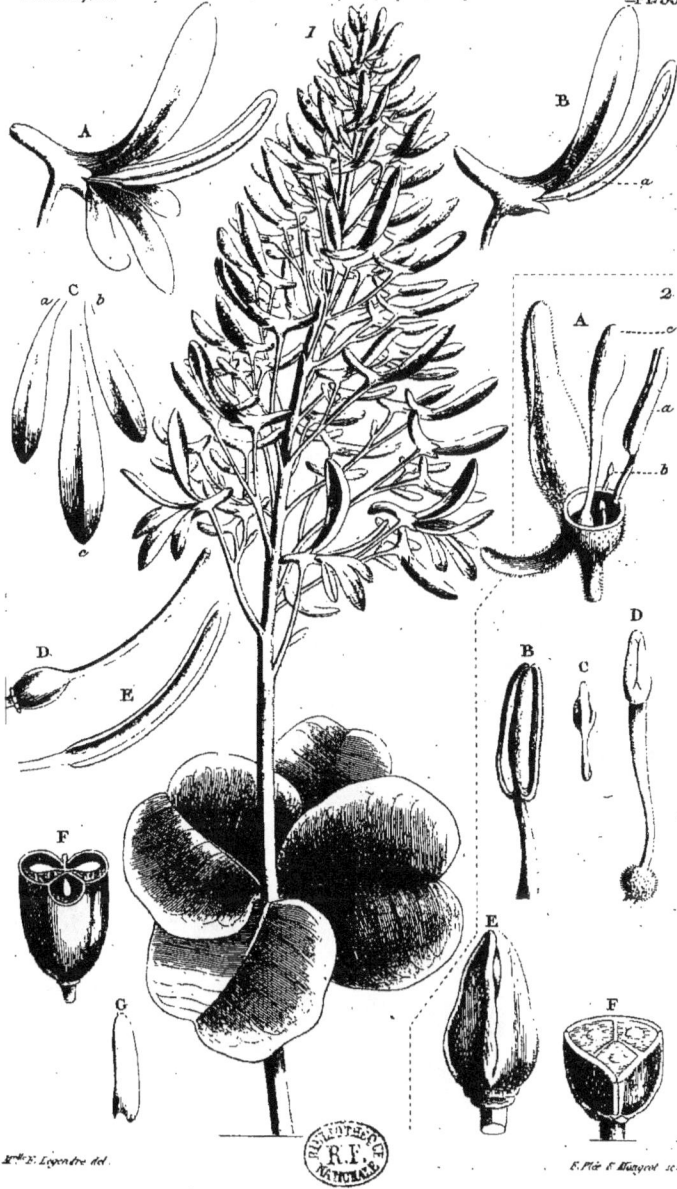

Mᵉˡˡᵉ E. Legentre del.

E. Flé & Massard sc.

1. Vochysia à feuilles rondes.   2. Salvertia odorant.

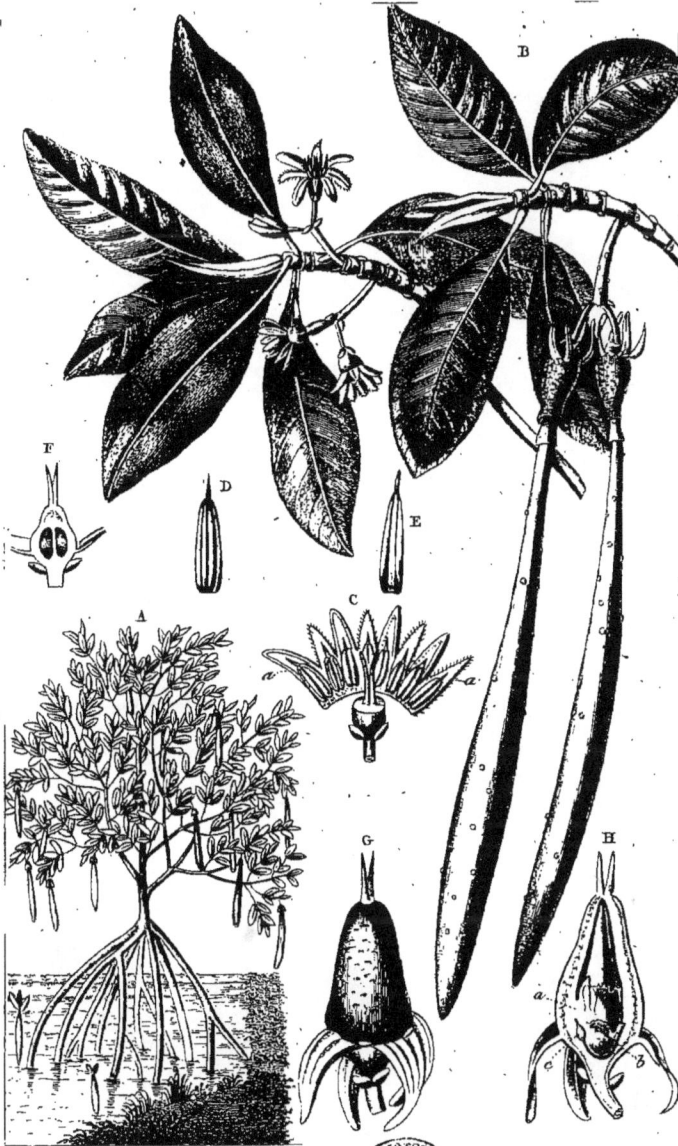

Rhizophore Mangle, ou Palétuvier.

Mlle E. Legentte del.

F. Plée & M. Mougeot sc.

Clarkia à pétales trilobés.

Pl. 36.

Melle E. Legendre del.

E. Plée & Mougeot sc.

1. Lagerstrœmia royal.   2. Salicaire effilée.

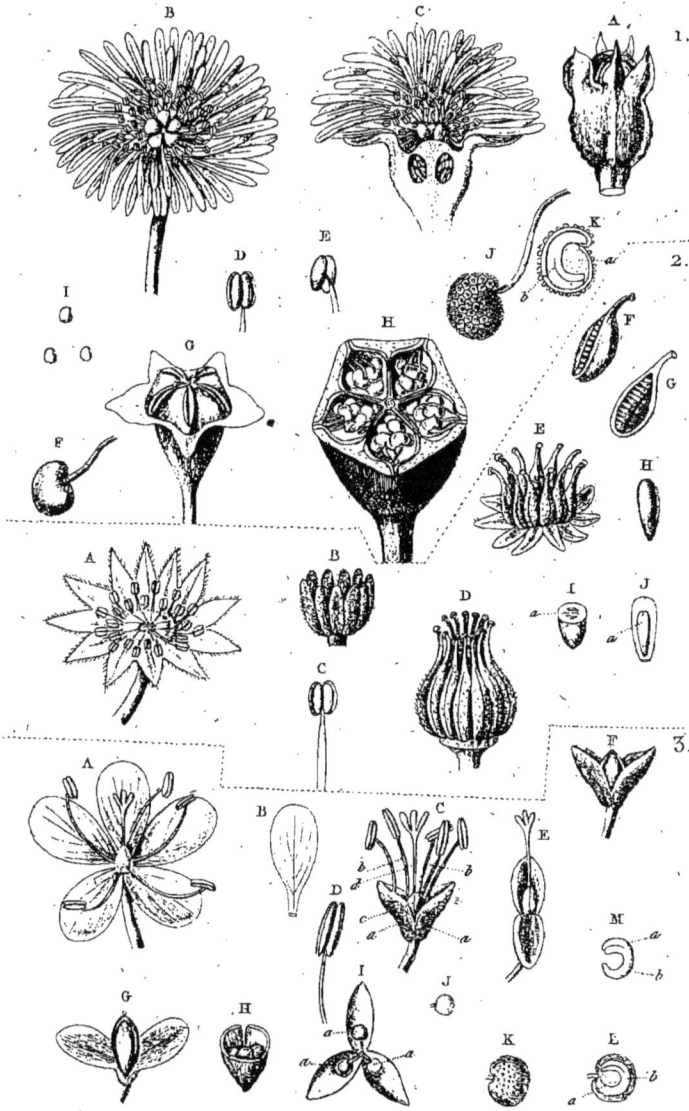

1. Mésembrianthème blanchâtre.
2. Joubarbe des montagnes.
3. Claytonia de Virginie.

Pl. 38.

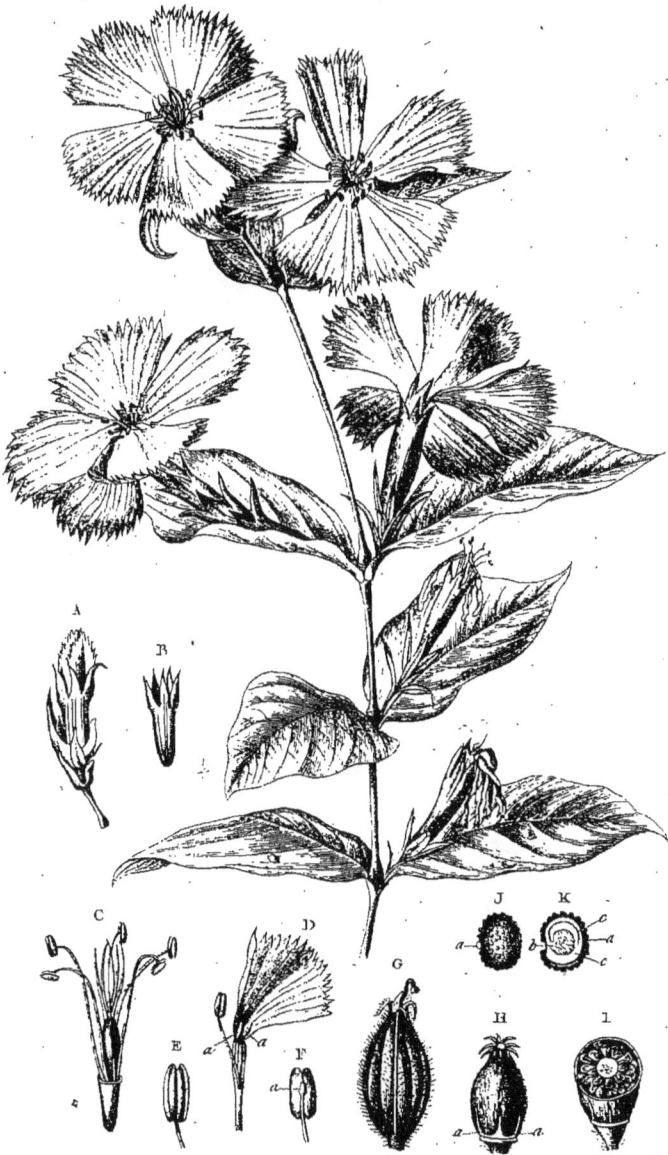

A B C D E F G H I J K

Mme A. Legendre del.

Brion sc.

Lychnide à grandes fleurs.

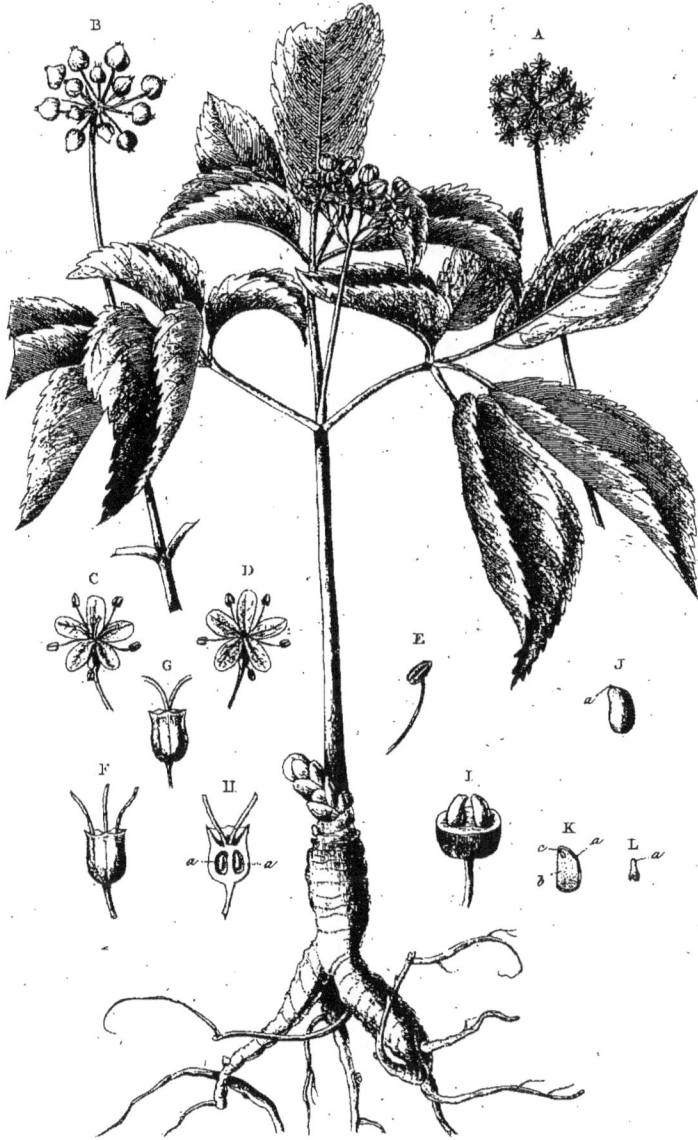

Panax Ginseng.

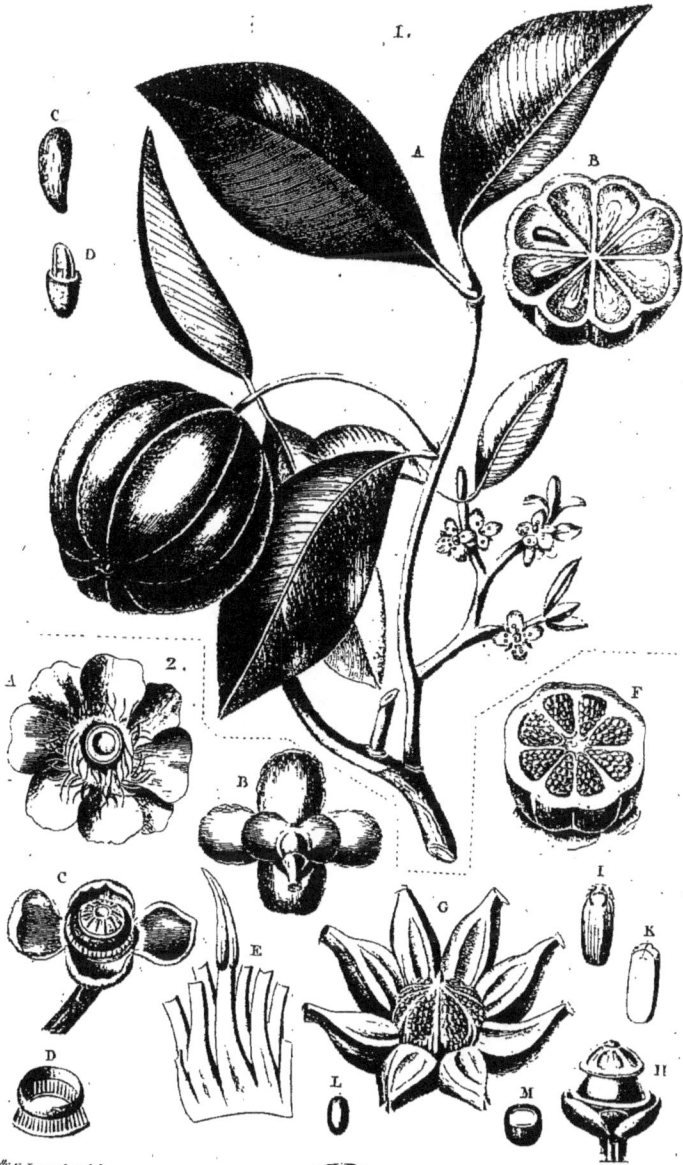

1. Mangostan Guttier.   2. Clusia rose.